Mathématiques énigmatiques

Sommaire

ISBN : 978-2-87694-163-2 • ©ACL - les éditions du Kangourou • www.mathkang.org • 12 rue de l'épée de bois 75005 Paris

"La soirée anti-arnaques", une émission présentée par... Jules Corbeau !!!
Toi qui ne connaissais pas la T.V., c'est formidable, non?..
En tout cas, ça n'est pas original...
Clap
Clap
Clap
Maître Renard, une émission riche en cas lourds ce soir!
TRES lourds, Jules!
Notre premier dossier est celui de Mme Chaise, qui a perdu pied dans une histoire de fonds...
De plus en plus de gens semblent se faire avoir ...
Bah... Déjà à mon époque, dans l'Antiquité, il était courant de se faire duper, et souvent par mégarde, voire méconnaissance...
Tu rigoles?!?
Une légende parle d'un homme très rusé qui dupa beaucoup de monde sans jamais s'être fait prendre! On le surnommait Arnakos.
Eh! C'est formidable, ça!!!
?!?
Avec Kangy, le génie-kangourou dont tu m'as parlé, on pourrait remonter le temps et essayer de le coincer!
Euh... Je.. Mais ça peut être dangereux!
Bah!.. Avec Kangy, il ne peut rien nous arriver!
Allez, s'il te plaît, mon petit Epsilon!
Tu as raison! Et ça peut être amusant comme défi!
Kangy, j'ai besoin de tes services!
!?!
Schpoumf
Yes!

Je t'écoute Epsilon...
Kangy! Envoie-nous à mon époque! Nous aimerions retrouver le fameux Arnakos et déjouer ses plans!
Mhmm... Je ne sais pas exactement où il vivait...
... mais vous le trouverez sûrement!
Je freeze le temps ici et vous envoie...
EN GRECE ANTIQUE
Eh!!!!
Maëlis! Regarde-moi cette belle campagne Grecque!
Youhou!!! La province de Milet, 26 siècles environ avant ton époque!
Pas le temps, je crie!!!
C'est sympa, mais je ne vois rien de plus que chez moi!
La ville la plus proche? Comyssariadpolis! Vous devriez y être avant la nuit, les jeunes!
Merci Pan, guérisseur des troupeaux et bergers!
?!?
Incroyable! Et c'est courant dans le secteur les créatures bizarres comme ça?
Oh, oui! Les Dieux sont ici omniprésents! Si notre séjour se prolonge, on en verra sûrement d'autres!
Comyssariadpolis 50 stades
Cette ville a 50 stades???
Je savais que la Grèce avait fondé les jeux olympiques, mais tout de même!
Ah ah ah!!!
Comyssariadpolis 50 stades
Non... Comment t'expliquer?
Tiens!.. Que ferais-tu pour comparer la distance entre ces deux petites pierres et la grosse?..
La grosse!?! Eh, reste poli!
Sans rien pour mesurer? Peut-être que Kangy pourrait nous aider?
Pense au jeu de boules!
Ah oui! On peut par exemple compter approximativement le nombre de pieds entre chaque pierre!

5… 6… Bon, un peu plus de 6 pieds séparent ces deux cailloux contre seulement 5 pieds environ pour l'autre écart !
A l'oeil nu, ce n'était pas si évident…
?
En résumé, tu as pu comparer les écarts entre les cailloux en te référant à la longueur de ton pied ! Celle-ci t'a servi d'unité de mesure !
On peut donc chercher à mesurer des distances pour pouvoir faire des comparaisons (comme tu l'as fait !)…
… Mais aussi pour pouvoir reproduire une situation (avoir 5 pieds d'écart entre deux cailloux).
Dans l'Antiquité, les unités de longueur se rapportaient en général aux dimensions du corps humain et à la mesure de ses activités physiques.
Outre les mesures présentées ici, on trouvait aussi l'empan, qui a pour base la largeur d'une main ouverte, du bout du pouce jusqu'au bout du petit doigt. Il existait en fait une foultitude d'unités de mesures…
Le pouce
Le bras
La coudée
Le pied
On mesurait également certaines distances en pas : pas simple, pas double, stade, milliers de pas…
Ok !
Le stade se rapporte à un certain nombre de pas !
Le pas
Mais combien ? Et d'ailleurs, cette façon de mesurer pose un problème !
Les hommes n'ont pas tous les mêmes mensurations !
Salut les filles !
Oui ! C'est pourquoi on choisissait les mensurations d'un homme moyen, "idéal"…
Cependant, d'une ville à l'autre, ces unités de grandeurs pouvaient changer !
Ce qui pouvait parfois provoquer des confusions !
ANTIOCHE
PRIENE
MILET
LASSOS
Pffff ! Quel bazar !
Tiens ! On parlait du "stade" tout à l'heure !
D'une province à l'autre, un stade ne comporte pas forcément le même nombre de pas…
…ceux-ci n'étant eux-mêmes pas tous de la même longueur !

En plus, les Grecs avaient initialement donné le nom "stade" à deux types de grandeurs très différentes. On les appelait "petit stade" ou "grand stade".
Le fameux Alexandre le Grand comptait, dit-on, en petits stades, les distances que parcouraient ses armées en Asie, ce qui donnait des résultats plus impressionnants...
On est trop forts!
Les confusions et erreurs étaient donc courantes et les arnaques possibles!
Il fallait réglementer tout ça!
Aux bords des routes Romaines, les distances étaient exprimées en milliers de pas, les "milles". Le pas représentait ici une enjambée réglementaire d'un légionnaire.
Z'êtes pas aux normes!!!
La Révolution Française marqua aussi une révolution quant aux systèmes de mesures employés. A l'initative de Talleyrand, l'Assemblée Nationale a adopté le 8 mai 1790 le système de mesure décimal, basé sur des unités invariables, communes à tous. Le 7 avril 1795, un décret de la Convention en fait le système légal et obligatoire en France.
Car c'était le bazar...
Le 30 mars 1791, d'après l'Académie des Sciences (composée d'illustres scientifiques comme Borda, Lagrange, Laplace, Monge, Condorcet), on décida de ce que représenterait le mètre : ce serait le dix millionième de la longueur du quart de méridien séparant le pôle Nord de l'équateur, mesure a priori invariable.
C'est parti...
A GLA GLA
Pôle Nord
équateur
divisé par dix millions
1 mètre
On créa en 1799 un mètre étalon en platine à partir de cette mesure.
Aujourd'hui, la méthode de mesure du mètre est plus précise...
Bref, on ne sait pas vraiment ce que représentent 50 stades si on n'est pas du coin...
D'après mes archives, un stade vaut, dans ce secteur, environ 240 pas, le pas valant lui-même environ 0,77 de nos mètres.
D'accord! Donc ces 50 stades valent ici environ : 50 x 240 x 0,77 mètres!
Ce qui revient à calculer : 5 x 24 x 77 = 120 x 77 = 9240 mètres!
Houla! Plus de 9 km! Ne traînons pas!
Attention!!!
120 x 77 9240

BING
C'est ce qu'on peut appeler un choc des cultures...
CLONG
CLING
RHAAA
Rhaa! C'est mauvais pour ma moyenne, ça!
Je pense qu'il s'entraîne pour les Jeux Olympiques!
Ben niveau galanterie, il n'est pas sur le podium!
Je m'entraîne effectivement pour les Jeux d'Athènes, c'est exact. Je suis un grand champion!
Très grand, même!
Athos
Porthos
Dartania
Arhamis
Vous savez que, sans m'arrêter, j'ai déjà parcouru en tout : 65 + 50 + 55 = 170 stades ! Impressionnant, non?
Mais tu sais que d'une ville à l'autre, les stades ne représentent pas forcément la même longueur!
On ne sait pas ce que vaut a priori la somme de stades de valeurs différentes!
Il faudrait d'abord convertir tous ces stades dans une unité de longueur commune!
Euh... Je crois que notre "ami" n'a pas senti le besoin de tes explications!
Bah, tant pis pour lui s'il garde une idée fausse, après tout!
Comme dit de la Fontaine dans le Lièvre et la Tortue, "Rien ne sert de courir, il faut partir à point!"
Moi je préfère marcher et comprendre...
Le voyage promet d'être long... Et dire que je n'ai pas emporté de shampoing!
Eh! Tu viens de faire un geste fondamental dans l'Histoire de la Géométrie!
Qu'est-ce que tu vas encore me sortir comme histoire tirée par les cheveux?..
Regarde... Ton cheveu était courbe, et tu l'as transformé en ligne droite en tirant sur ses extrémités!
Euh... D'accord! Mais explique-moi ce que vient faire la Géométrie là-dedans!

Tu sais qu'aux temps préhistoriques, l'homme devait constamment chasser pour se nourrir... Mais le gibier n'est pas forcément inépuisable...
Lui non plus ne l'est pas, inépuisable !
Yahhh!
A l'approche de l'hiver par exemple, il était souvent difficile de survivre...
Grouik
Et l'homme devait sans cesse migrer vers d'autres lieux où le climat était plus clément...
Jusqu'au jour où il en eut marre de cette vie de nomade et décida de se sédentariser : il construisit des maisons en dur, plus résistantes, et mit au point des techniques pour avoir sa nourriture sous la main. L'agriculture était née...
... et vous aurez de l'herbe bien fraîche, des pâturages sûrs...
Sympa !
Mais comment faire pour que les bêtes restent à proximité et sans danger ? Les surveiller à longueur de journée ?
Pourvu qu'il craque, pourvu qu'il craque !
Puis il eut une idée : créer des enclos !
Pour cela, il prit une corde dont on appelera A et B les extrémités. Il fixe l'extrémité A à un premier poteau...
A
?
En tendant le fil au maximum, l'écartement entre A et B est maximal ; la corde ne dessine plus une courbe mais une forme dite rectiligne, qu'on appelle un segment, noté [AB].
A
B
Poc
Poc
Mis bout à bout, des segments créent une ligne brisée. Si la ligne brisée créée est ouverte, alors l'intérieur et l'extérieur de l'enclos communiquent...
C
D
E
F
G
H
A
B
EH!
Une ligne brisée fermée, voilà un enclos digne de ce nom ! La forme est constituée de plusieurs (poly) côtés (gones).
On s'est fait avoir...
C
D
E
F
G
H
A
B
HIN HIN
En voulant ainsi délimiter des surfaces, on a créé les premiers polygones !

On peut ainsi créer une infinité de polygones, aussi variés dans leurs nombres de côtés, leurs formes, leurs tailles, etc...
etc
Un vrai zoo ! Heureusement pour s'y retrouver, comme pour les animaux, on a réalisé des classifications de ces polygones...
selon leur nombre de côtés, leurs angles, etc.
Mais en voulant créer ces polygones-enclos, un problème se posa rapidement : la longueur de la clôture ! Trop longue, c'est du gâchis, trop courte, c'est la panique ! D'où la nécessité de la mesurer !
Eh ! Revenez, galopins !
Ouïe !
TCHAC
Mesurer la longueur du contour d'une figure dans une unité de longueur choisie, c'est obtenir son périmètre (péri : tour, mètre : mesure).
En mettant "à plat" un polygone, la longueur de son contour égale la longueur d'un seul segment.
Mais réciproquement, la longueur d'un segment n'est pas égale au périmètre d'un seul polygone, mais d'une infinité !
Il existe par exemple une infinité de polygones de 5 cm de périmètre !
5 cm
0,5 cm
2 cm
1 cm
1,5 cm
1 cm chaque côté
etc
Eh ! En regardant bien, ces polygones ont le même périmètre mais ils entourent une surface de plus en plus petite !
En plus de leurs périmètres, on peut donc chercher à comparer des terrains par la place qu'ils occupent dans le plan, c'est-à-dire leurs aires !
Oui ! Une idée est de choisir un carreau carré pour unité d'aire, car cette figure a toujours la même forme et occupe la même surface !
Il suffit de compter combien il en faut pour recouvrir une surface !
12 " —— " de périmètre
Pour la même longueur de clôture, j'ai mis quatre carreaux de plus pour réaliser le terrain B : sa surface est donc plus intéressante !
T'es trop balèze, Blaise...
A
B

Si les carreaux sont trop gros, on peut, pour avoir une mesure plus fine d'une aire, en prendre des plus petits !
3 carrés complets...
plus 5 morceaux de tailles inconnues...
7 + 7 + 7 = 21
21 carrés complets
On a de la chance : ici, on a un nombre entier d'unités d'aire !
Enfin j'imagine mal le paysan paver son champ et compter ses rangs de carreaux pour obtenir son aire !
125 et 125 et...
OUIE
C'est sûr ! Heureusement, on a remarqué que certaines situations étaient similaires !
Eh !
?
Regardons ce rectangle de 3 cm de longueur et 2 cm de largeur : 2 rangs de 3 carreaux de 1 cm de côté le recouvrent.
Soit : 3 + 3 = 6
1 unité d'aire
1 cm
Et avec la multiplication : 3 x 2 = 6, soit six unités d'aire !
En somme, pour connaître l'aire d'un rectangle, il suffit de mesurer sa longueur et sa largeur, et de faire le produit des deux !
Fais attention ! Les fruits d'arbousier sont savoureux mais tachent facilement !
Slurp !
Crr
Epsilon, fais gaffe !
Chucculents !
BROOM
AAH !
Place ! Je suis ma boule !
Oups, désolé pour le fruit !
RRRRR
Bon, faut que j'y retourne...
Eh ! Tu es Sisyphe ? Puis-je voir ta pierre une minute ?
?
Tu as vu ? Ton fruit, écrasé sur la roche, a laissé des traces sur le sol à intervalles réguliers !
Pff...
Oui...
Lorsqu'on coupe une boule en passant par son centre, on obtient un disque de rayon maximal, dit médiateur !
En roulant, la pierre a fait parcourir à ton fruit le contour de l'un de ces disques !

Du coup, il a fallu que la boule fasse un tour complet, en roulant selon l'un de ces disques médiateurs, avant que ton fruit imprime à nouveau sa marque sur le sol.
SPROTCH
La distance entre deux marques égale donc le périmètre d'un de ces disques médiateurs.
C'est comme si on avait fait rouler le bord du disque et mis à plat.
Comme les polygones, son périmètre égale la longueur d'un segment.
Bon, c'est pas que je m'ennuie, mais j'ai du boulot !
Ok, ok !
Grrr
Encore un type bizarre...
Il a été condamné par Zeus, le Dieu des Dieux, à rouler sans fin ce rocher !
Mince, un orage s'annonce !
Zeus semble fâché qu'on ait parlé à Sisyphe !
Oh, une ferme !
BROOM
Tu vas voir : les gens sont très hospitaliers par ici...
Toc Toc
Gla Gla Gla
DU BALAI !
SLAM
Tu disais ?
Etrange...
Holà, ami ! Nous cherchons juste un toit pour nous abriter un peu !
Voire beaucoup...
Ils n'ont pas l'air de truands... Ce sont des enfants !
Mouais...
Bon... Entrez, mais pas d'entourloupe, sinon...
Merci !
BROOM

Mon nom est Nonos, et voici ma femme, Ulis...
Et nous Maëlis et Epsilon!
Whouah!
Installez-vous les enfants!
Tu sembles sur tes gardes, Nonos...
C'est que... Les profiteurs sont légion depuis quelque temps... ça m'énerve!
S'agit-il d'Arnakos?
Connais pas... Bah! Je voulais réunir deux champs rectangulaires en un seul champ...
Quelles sont les dimensions de tes champs?
L'un fait 15 pas de long, l'autre 25, et tous deux font 20 pas de large.
Le 1er champ a donc un périmètre de: (15x2) + (20x2) = 70 pas, et le second: (25x2) + (20x2) = 90 pas,
soit une longueur totale de clôture de 160 pas!
Ça me paraît juste...
J'ai donc commencé à clôturer mes deux champs pour n'en faire qu'un, et là!
... lorsque j'eus fini, il me resta encore sur les bras environ 40 pas de clôture!
Et moi qui lui faisais confiance, à ce charlatan!!! Il m'a bien eu, avec ses calculs pseudo-savants!
Pour entourer tes deux champs, tu n'as pas dû clôturer leur côté commun...
As-tu dit au marchand que tes champs avaient un côté en commun?
Ben... Non...
L'erreur du vendeur est compréhensible!
En ajoutant les périmètres des deux petits champs, il a de fait compté la longueur de ce côté commun, et ce deux fois!
D'où tes 40 pas de clôture en plus!
+
≠
Mes amis! J'ai perdu la face, mais j'ai gagné une explication!

Quand l'orage eut cessé...
Vous ne voulez pas rester encore un peu ?
Merci pour ton hospitalité, mais nous sommes sur les talons d' Arnakos le bien nommé !
Mais ce n'était probablement pas ton vendeur de clôture qui, par manque de renseignements, t'en a vendu trop, sans doute de bonne foi !
Bah ! C'est que je me méfie maintenant ! Dernièrement, j'ai dû "reconduire" un type qui lui aussi a tenté de me duper avec ses calculs !
Tu peux nous en dire plus, Nonos ?
J'aimerais recouvrir ma terrasse de grands pavés carrés. Elle est constituée de deux parties rectangulaires accolées.
Très bien ! J'ai de beaux pavés de marbre de 1 pas sur 1, c'est-à-dire 1 pas² de superficie.
Donne-moi les dimensions en pas de tes rectangles et je te dirai combien de pavés il te faudra !
Mhmm... Toi aussi, tu veux leurs dimensions ? Le premier fait 6 pas sur 4 et le second 5 pas sur 3.
L'aire du 1er rectangle est donc de : 6 x 4 = 24 pas² et l'aire du 2nd : 5 x 3 = 15 pas²
24 + 15 = 39 pas² Il te faut donc 39 pavés carrés de 1 pas de côté pour recouvrir toute ta terrasse !
Charlatan ! On ne m'aura pas deux fois !
On n'additionne pas tout et n'importe quoi !
Ah ah ! Pour un voleur, il n'a pas su voler bien loin !
Seulement, ses calculs étaient justes !
Oui ! Regarde ce schéma : le nombre total de pavés nécessaires pour recouvrir ta terrasse est bien la somme du nombre de pavés de chaque partie qui la compose !
24 pavés
39 pavés = 24 pavés + 15 pavés
15 pavés
Ok ! Contrairement aux périmètres, les aires s'ajoutent !
Eh oui ! Chaque situation mérite réflexion ! Il ne faut pas confondre "Faire le tour de la question" et "Voir les choses en surface" !

Mince... Ce paysan ne savait pas à qui ressemble Arnakos...
Kangy! Tu peux peut-être nous aider ?!?
Hélas, je ne sais pas où se trouve Arnakos, l'homme aux mille visages!
Mais peut-être que Bhona la Pythie pourra vous aider!
Epsilon! Te voilà encore grimpé dans les arbres!?!
Je cueille quelques offrandes!
Euh... Il y a un petit souci...
Arf! Tu rigoles ?!?
Bhona Pythie
Beuh! Regarde au-dessus de toi : la porte est au plafond! Où est l'escalier?
Attends...
Ce n'était qu'une illusion, une situation ambiguë!
Oh! Je vois maintenant l'escalier qui monte!
Une arnaque visuelle, oui!
Tiens, que vois-tu si je trace ceci?
CRRR
Ben, un trait penché...
C'était pas trop difficile comme question...
Et là?
Eh! En épaississant plus ou moins le trait, ça donne des impressions de profondeur, et différentes!
Eh oui! Les hommes ont petit à petit trouvé des artifices pour donner l'illusion sur papier du volume : épaisseurs des traits, jeux de lumière, échelles...
La découverte de la perspective à partir du 15ème siècle après J.C. a été un pas décisif dans cette recherche. Brunelleschi, Alberti et Dürer y ont notamment contribué.
Prends cette figure par exemple : sans contexte particulier, c'est un parallélogramme...

Mais il peut devenir un rectangle vu en perspective, selon différents points de vue !
Tout dépend de son environnement !
Regarde : ces deux figures peuvent représenter la couverture d'un livre selon deux points de vue...
Vue de dos
Vue de l'intérieur
Tiens, Maëlis ! Pourrais-tu nous décrire ce que tu vas voir a priori !
GLIGNE
Holà !
Alors, je vois un cube...
Euh, finalement, en regardant bien...
Je peux voir successivement deux représentations d'un même cube, selon des points de vue différents !
En épaississant mentalement certaines arêtes !
Très bien ! Et ici ?
GLOUPS
Stop ! Vous vous moquez de moi, là !
Mais non, mais non...
Quoi ! Encore un truc impossible dans notre monde !
Les "coins" ne peuvent pas se rejoindre comme ça en réalité !!!
Maintenant, ferme les yeux Maëlis...
Tu as raison ! Tout ça est bien destabilisant !

Eh ! Mais on est où, là ?!? C'est à n'y rien comprendre ! Tout y est faussé !
Marrant, non ? Ce pseudo-monde ne respecte en effet pas les règles de base de la perspective !
Des artistes comme le peintre hollandais M.C. Escher (1898-1972) ont détourné ces règles pour représenter des mondes ambigus, voire impossibles comme celui-ci !
PCHHH
PCHHH
Oh, déjà de retour ?!?
Il ne faut pas rester trop longtemps là-bas, ça peut rendre fou !
Epsilon, j'ai peur !
N'aie crainte ! Il semble qu'il n'y ait personne ici !
Beurk ! Vu l'état des lieux, ça a l'air abandonné depuis longtemps... Kangy se serait trompé ?
Je suis peut-être vieille, mais j'ai encore mes oreilles !
Qu'est-ce que vous me voulez, bande de petits cancrelats ?
Voici quelques modestes présents pour les Dieux...
Peuvent-ils nous guider dans notre recherche du perfide Arnakos ?

C'est léger... Les Dieux sont gourmands, jeunes cabris ! Les communications coûtent cher de nos jours ! Enfin...
Eh ! Mes cheveux !
TAP TAP
Oh ! Elle "lévite" de répondre !
Chut ! Elle se concentre !
Je n'vois rien du tout !
Oups ! j'ai oublié d'allumer le feu sacré !
Le feu symbolise la présence des Dieux...
Ok ! J'ai cru qu'elle avait oublié de mettre ses lunettes...
Ah ! La Pythie va atterrir !
Mhmm... Partout cet Arnakos sur votre chemin vous trouverez, mais difficile à cerner il est.
Il vous faudra donc être les plus malins et aller au-delà de vos seules intuitions ! Voyons cela...
Je me marre d'avance...
Jeune fille, par exemple... Saurais-tu construire un carré d'aire double de celui-ci ?!?
Epsilon, j'ai vu en songe que tu connaissais la réponse : ne l'aide pas !
Selon Platon, Socrate aurait évoqué ce problème avec un esclave afin d'illustrer que la science est en chaque homme.
Ben ça m'aide beaucoup...
Bon, si je double la longueur de chaque côté, j'obtiens bien un carré, mais quatre fois plus grand...
La "moitié" du résultat me suffirait, mais du coup, ce n'est plus un carré...
Si tu le coupes comme ça, mais...
Eureka ! J'ai trouvé !

En découpant ainsi ce grand carré, l'aire de celui en pointillés est bien le double de mon petit carré initial !
Lorsqu'un carré est construit sur la diagonale d'un autre, son aire en est le double !
Brave petite !
Bhona!!!
Mes cheveux...
?!?
Il y a un problème au village ! Il faudrait que tu...
Alors mon coco, on pénètre dans ce temple avec ses armes et sans présent pour les dieux ?
?!?
De qui te moques-tu petit garnement ?!? Du balai !
BLAM BLAM
Euh... Nous aussi on va y aller... On ne voudrait pas déranger !
Eh soldat ! Attends-nous ! On aimerait te parler !
?!?
Que... pfff... se... passe-t-il donc... pfff ?
Pfff... aussi !
C'est que... Un conflit important vient d'avoir lieu au village !
Tout a commencé à la venue de ce marchand ambulant...
Apppprochez Mesdames et Messieurs ! Venez goûter à mes produits miracles !

Avec les flacons de Miraculos, finis les problèmes d'argent ! Un vrai bonheur !
SMAC
Et juste parce que c'est vous, pour chaque flacon de Miraculos acheté, je vous ferai une remise exceptionnelle !
Il n'y en aura pas pour tout le monde !
Un pour moi, M'sieur !
Minou, j'ai un flacon de Miraculos, l'eau qui apporte la bonne fortune à qui en boit !
Mhmm... Encore une bêtise !
Par Thanatos !!!
Et il ne reste que ça de l'argent des courses !!!
Euh... Le flacon coûtait 46 pièces, mais j'ai eu droit à une réduc', mon lapin !
J'ai vu ses calculs !
Quelle réduc' ?!? Tu t'es mis l'argent dans la poche, oui !!! Scélérat !!!
Houla ! On dirait que ça chauffe en ville !
Par Athéna !!!
Par Chronos !!!
Par Hermès !!!
Par Thénon !
Oh ça sent l'arnaque !
Il faudrait retrouver ce marchand, et vite !
C'est que... Je ne sais pas comment prouver ses méfaits... En tout cas, il ne devrait pas s'éterniser en ville : faisons vite !
Oui, je pense le voir ! Rambos, aurais-tu quelques pièces ? J'ai une idée !
Reste caché, Rambos ! Si Epsilon et moi mettons à jour ses duperies, tu n'auras plus qu'à l'arrêter en flagrant délit !
Tu es prêt, Epsilon ?

Ouh ouh Marchand ! on aimerait goûter à ton produit miracle !
?
46 pièces le flacon !?! Whaow, c'est cher !!
Mhmm... Laissez-moi vous faire une offre ! Regardez...
Mais il faut vite se décider !
Vois-tu, sachant que tu as 93 pièces, et que le flacon coûte 46 pièces, et que je te fais une super remise de 4 pièces, alors d'après mes calculs, je vais te rendre 43 pièces ! Chouette, non ?
93 MOINS 46 PLUS 4 VAUT 93 MOINS 50 VAUT 43
Mhmm... Avec une remise de 4 pièces sur 46, le flacon ne devrait plus coûter que 42 pièces. Et si on t'en donne 93, tu dois nous rendre : 93 - 42 = 51 pièces !
Donc soit tu ne sais pas compter...
Soit au contraire tu sais bien ce qu'il faut faire pour abuser le client pressé !
N'est-ce pas, ARNAKOS !!!
Ah ah ! Il faudrait plus que deux gamins pour pouvoir m'arrêter !
RAMBOS !!!
Où est-il ? Où est-il ?
A cette heure-ci, il doit déjà être à Olympie !
Et maintenant, il est hors du rayon d'action de Kangy... Dommage...
Petites vermines !!!
Pff... On peut en fait faire dire ce qu'on veut à des calculs !
D'où la nécessité de certaines règles "de vie en société" des opérations si l'on veut éviter toute ambiguïté dans les résultats !
Tékitoa !?!
C'est un génie !
Whoa, Epsilon ! J'aime quand tu me flattes !

(✱) Premières apparitions et utilisations :
+ et - par Widmann (surplus et manques), vers 1490 après J.C, puis par Vander Hoecke (addition et soustraction) vers 1514.
x par Oughtred, vers 1632,
÷ par Rahn vers 1659,
= par Recorde vers 1557...

Euh... Ce Kangy, c'est une sorte de dieu, non ?
Ah ah !!! ça lui fera plaisir !
Bon, Ben moi, j'ai fouillé la charrette d'Arnakos, mais je n'ai rien trouvé qui nous aiderait à le localiser...
Saviez-vous que celui que vous cherchez a été un disciple du fameux Thalès ?
Comme toi, Epsilon...
Arnakos !!!
Ah ah, quelle fougue !
Non, regarde ses pieds ailés et son chapeau rond : c'est le dieu Hermès, messager du grand Zeus !
Il se dirige vers Dartagnia !
En tout cas, vous n'avez pas vu son vrai visage !
Tchao !
Merci, Ernest !
Je vais vous laisser aussi... On m'attend au village !
Prends soin de toi, Rambos !
Graouille
Oh toi, tu as faim, Maëlis !
Mhmm... Ce petit repas concocté par Kangy était délicieux !
Ces milliards d'étoiles me fascinent ! On se sent si petit à côté !
J'ai longtemps cru, comme les Anciens, qu'elles étaient comme fixées sur une immense sphère creuse.
Ces étoiles, comme le Soleil, semblent tourner ensemble autour de nous... Lentement...
C'est ce que le savant grec Aristote enseigna environ trois siècles avant J.C. !

Et quelle surprise quand j'appris au cours de mes voyages temporels que c'est la Terre qui tourne autour du Soleil, qui lui-même tourne dans une galaxie, la Voie Lactée, qui elle-même tourne...
Une vraie valse !
Mhmm... La Terre, une boule qui n'est plus le centre de l'Univers : cette idée n'a pas plu à tous...
À l'Église, en particulier, adepte du modèle d'Aristote... Aux XVIème et XVIIème siècles après J.C., Copernic, puis Galilée, s'ils ont échappé au bûcher, ont eu du mal à faire accepter leurs idées révolutionnaires.
Hérétique ! Beurk !
Eh, c'est chaud !!!
Mais alors pourquoi les étoiles semblent-elles toutes fixes alors que le Soleil, lui, tourne dans une galaxie ?
Ça devrait se mélanger là-haut !
Tiens, regarde cette pierre de près et de plus loin...
Bon, là je la vois bien-sûr plus grosse...
... qu' ici... C'est logique !
Un astre brillant, vu de très loin, ressemble donc à un point !
Ça ne me surprend pas...
On peut alors imaginer que les points lumineux du ciel sont des objets très grands, mais extrêmement loin de nous !
Mais ce n'est pas tout ! Regarde : cette distance te paraît plus courte si...
...je fais ces trois pas plus loin !
D'ici, on dirait que tu n'as presque pas bougé !
En fait, les étoiles sont si loin de nous qu'elles nous paraissent comme des points quasi immobiles !
Leurs tailles apparentes étant proches, on les croit à même distance de nous, donc sur une sphère, mais c'est faux !
Leur mouvement existe toutefois bien, et les constellations de ton époque ne sont plus exactement les mêmes que celles-ci !
Whoaa ! Désolée, mais il se fait tard...
Euh... C'est sûr par ici ?
T'inquiète, Maëlis ! Kangy veille sur nous !
Bonne nuit !

Au petit matin...
Psst ! Epsilon ?
Mhmm ?...
Tu n'as pas entendu un bruit ?
On est en pleine nature, tu sais...
Eh, les amis !
AAHHH !!
Oh, ça ne va pas, Kangy !
Oups, désolé... Venez voir !
Bon Bon
Crr
Crr
Crr
Brrr ! Soit c'est une taupe géante, soit on creuse notre tombe !
Par Arès, je n'y arriverai jamais !
Des heures que je creuse, en vain !
Epsilon !
Euh, tu as laissé tomber ceci, ami !
Mon parchemin !!! Rends-moi ça de suite !
Bah... Après tout, jettes-y un oeil ! Peut-être que toi, tu trouveras quelque-chose... Moi, je suis nul...
Moi, Plinledos, lègue mon trésor au premier de mes fils qui trouvera ce parchemin...
A la borne dorée tu te placeras, et l'arbre aux deux troncs avec ton Bras gauche tu viseras. Un angle de 120° entre tes deux Bras tu formeras et de 30 pas selon ton Bras droit tu avanceras.
Et récompensé tu seras !
Mhmm... Il est question de suivre une direction donnée par une mesure d' angle.
Il te faut un instrument adapté...
Ceci ? Un "rapporteur" je crois...
Oui ! Il te donnera une mesure approximative de l'écartement entre deux demi-droites.

C'est ce que j'ai cru comprendre... Hier soir, j'ai donc suivi les consignes à la lettre en visant l'arbre à deux troncs avec mon bras gauche et en formant un angle de 120° entre mes deux bras...
Je ne veux pas dire, mais un petit degré d'erreur au départ, et on peut, au bout de 30 pas, se retrouver assez loin du point visé !
C'est vrai !
Euh... J'ai fait un petit croquis au dos !
30 pas
120°
Ah ! Je comprends que tu n'aies rien trouvé ! Tu n'as pas utilisé la bonne graduation de ton rapporteur !
120° est un angle obtus, plus ouvert que l'angle droit !
120°
Arghhh !!! On m'aurait menti !!!
Il te faut compter 120° à rebourd de 180° : 180° – 120° = 60°
Beuh ? Il est un peu spécial, non ?
Et on dit que "la nuit porte conseil"...
AARRGH !!!
Bhouhouhou !!! Le trésor de papa, disparu !!!
Je suis sûr que c'est l'homme d'hier soir !
MERCI !
Dis-moi... Cet homme dont tu parles, n'était-il pas bizarrement costumé ?
Pour sûr ! Pire encore que ton amie ! Voilà pourquoi il tenait tant à m'expliquer le fonctionnement du rapporteur.
Il s'est mis à la borne dorée avec toi, il a vu la bonne direction, et t'a guidé sur la mauvaise...
C'est ça... En tout cas, il n'aura emporté qu'un seul des deux colliers carrés en or de mes parents.
J'ai toujours celui-ci avec moi !

Attends, tu dis qu'il y a un autre collier de ce type dans le trésor de ton père? Tu peux me montrer le tien?
Mhmm... Regarde-le de loin, je préfère!
Mais ce collier n'est pas carré, c'est un simple losange!
Boh! Un carré, c'est bien un losange, non?
D'accord, mais tous les losanges ne sont pas forcément des carrés!
Les carrés sont des losanges particuliers : en plus d'avoir des côtés de même longueur, ils ont des angles droits.
J'ai saisi! Par exemple, nous sommes tous deux des hommes. Moi, j'ai en plus une moustache : je suis donc un homme particulier, un moustachu!
Mais toujours un homme!
Epsilon!
Une minute, Maëlis!
En décrivant précisément ton collier, on pourrait lancer un avis de recherche!
Et nous mener sur la piste du voleur! Pas bête!
Euh... J'insiste!
Un centaure !!! Nous sommes perdus !!!
Eh! N'allez pas me confondre avec mes alcooliques et barbares semblables! Mon nom est Chiron!
Chiron, Chiron... Oui, tu as été le précepteur des célèbres Enée, Jason, Achille et Ulysse!
Entre autres! Tu connais tes classiques, petit homme!

Mais que nous veux-tu, Chiron ?
Je vous viens en aide : Rambos m'a averti !
Les agissements de cet homme mystérieux durent depuis trop longtemps !
C'est sympa de ta part !
Et aurais-tu rencontré par hasard un homme en costume très moche, courant vite, avec un coffre dans les bras ?
Oui, mais il avait les mains vides... Il a sans doute mis ce coffre en lieu sûr, le gredin !
Mais je sais où il allait !
Allez, montez les amis !
Ouais ! Moi qui ai toujours rêvé de faire du cheval !!!
Garde le char et les boeufs d'Arnakos, il te doit bien ça !
Youpi !
En route pour Dartania !
Malheureusement, on doit faire un détour...
Avec l'orage d'hier, un éboulement s'est produit sur la route principale...
Dommage, c'était tout droit...
Beuh ! On fait un détour, et toi, ça te fait rire ?
Tu sais que ce qui nous arrive est à la base de la géométrie plane des triangles !
Sur le plan, le chemin le plus court entre deux points est la ligne droite.
Un triangle non plat est constructible si et seulement si chaque côté a une longueur inférieure à la somme des longueurs des deux autres côtés !
BC < AB + AC
A
B
C
AC < AB + BC
A
B
C
AB < AC + BC
A
B
C

Et un triangle est plat si et seulement si la longueur d'un de ses côtés égale la somme des longueurs des deux autres côtés !
A B C
AB = AB + BC
Mais attention ! Le plus court chemin entre deux points n'est pas toujours la ligne droite, comme sur une sphère !
A
B
Faisons une halte au domaine de Dephiniksion : peut-être aura-t-il aperçu notre Arnakos ?
C'est étonnant, Dephiniksion sort rarement de sa propriété d'habitude !
Ohé !
Ouh ouh ! Il y a quelqu'un ?
Non, non, il n'y a plus personne ici !
Eh, les amis ! J'ai trouvé une autre créature bizarre : un tonneau qui parle !
Beuh... C'est de la triche, il y a quelqu'un dedans !
Argh !!! Un centau...
Ah, c'est toi Chiron ?!? J'ai eu trop peur !
Tu sais, tu peux sortir de ce tonneau, maintenant !
C'est que... Je me suis fait dérober mes habits par surprise !
Mhmm... Mon ami Kangy va arranger ça...
Mais tu vis seul, dans ce grand domaine ?
Oh non ! Et quand ma femme rentrera de chez sa mère, ça va être ma fête !
Car adieu mon bonnet de Phrygie et ma tunique jaune...
Précieux indices !

Dis-moi, toutes ces terres sont à toi ?
Non, une partie ne m'appartient plus ! Allez rendre service aux gens !
Regardez...
PRIVÉ
Afin d'aider Aphonlakes à démarrer son exploitation de cochons, moi, Dephiniksion, cède pendant un an un tiers de la surface de mon terrain.
Ce délai passé, moi, Aphonlakes, m'engage à réaugmenter d'un tiers la surface du terrain de Dephiniksion et à y retirer mes cochons.
Au bout d'un an, il est venu avec des savants qui m'ont assuré que ce qu'il me rendait était conforme au texte !
Or, j'y perds !
Normal ! Partageons ton terrain en trois parts égales...
Tu as donc cédé la valeur de ce qui est en rouge.
Pendant un an, mon terrain se résume à la zone verte, d'accord.
Mais au bout d'un an, c'est cette zone verte que tu dois partager en trois parts égales !
On prend un tiers d'une quantité plus petite qu'au départ !
Et donc j'ai récupéré moins que ce que j'ai cédé !!! Logique...
Tu sais, nous poursuivons Arnakos qui a commis des entourloupes de ce genre...
Epsilon, tu as l'air fort en Maths... J'ai un autre problème à te soumettre, qui m'occupait avant mon agression !
Je t'écoute, Déphiniksion !
J'ai acheté des tonneaux, mais ils ne rentrent pas dans ma nouvelle réserve...
Il te suffirait d'élargir l'ouverture de ta réserve !
Oui, mais de combien ?
Pour mesurer le diamètre le plus grand de tes tonneaux, il te faudrait une sorte de pied à coulisse...
D
Je n'en ai pas de si grand...

Attends, on va en fabriquer un ! Aurais-tu une planche bien épaisse…
Oui ! Allons la chercher !
Bon, on va d'abord placer notre tonneau dans un "coin" de murs.
Il doit toucher les deux murs en même temps.
Dephiniksion, approche ta planche pour qu'elle soit orthogonale au mur tout en touchant le tonneau.
La planche est bien épaisse, c'est un vrai parallélépipède rectangle… … et ça assure l'orthogonalité !
Mettons un repère
Cette horizontale te donne le diamètre approximatif maximal de tes tonneaux !
D
Ta méthode est étonnante !
Pas vraiment, quand on connaît les propriétés du cercle et des droites !
D
Parallèles
Mais est-ce qu'on n'aurait pas pu mesurer le contour du tonneau avec une corde et retrouver le diamètre ainsi ?
Ici, je n'ai fait aucun calcul !
Ta méthode aurait fonctionné, mais j'aurais du faire une division.
Les mathématiciens ont en effet prouvé que le périmètre du cercle est proportionnel à son diamètre.
D
P
Il suffit de multiplier son diamètre D par un nombre, appelé Pi (π), pour obtenir son périmètre P !
P = π x D
Ah oui, π ! Le fameux 3,14 et des poussières !
Oui ! Ce nombre étrange a une infinité de décimales, sans suite logique !
2000 ans avant J.C., on en a déjà trouvé des valeurs approchées.
Eureka ! Un hexagone régulier, c'est presque un cercle !
Archimède de Syracuse, trois siècles avant J.C., a obtenu le fameux encadrement :
$3 + \frac{10}{71} < \pi < 3 + \frac{1}{7}$
Au fil des siècles, l'étude toujours plus poussée de ce nombre a abouti en particulier à une conclusion étonnante, en 1882 avec Lindemann : il est impossible de construire à la règle et au compas un carré ayant exactement le même périmètre que celui d'un cercle donné !
Whoaw !
Euh, les amis ! Il serait peut-être temps d'y aller !

Merci pour tout, mes amis ! Athéna vous garde !
Adieu, Dephiniksion !
En route !
Arnakos, tu ne le sais pas, mais comme dirait Achille, nous "sommes sur tes talons" !
Après une heure de route...
Des gardiens ?
Oui, un peu spécieux...
ΔΑΡΤΑΝΙΑ
Halte, étrangers !!!
Les étrangers ne passent que s'ils disent la vérité !
Sinon, c'est la prison !
Son 3ème oeil nous dira si vous mentez !
Il faut leur dire qu'on est à la poursuite d'Arnakos !
Chut, soyons discrets ! On ne connaît pas ces hommes !
Vous allez nous emprisonner !
Ouarf ouarf ! Les idiots ! Faisons-le de suite !
Ben... Si on le fait, ils auront dit la vérité !

Et s'ils ont raison, on doit les laisser passer !
Mais si on les laisse passer, ils ont tort et on doit les enfermer !
Et si on les emprisonne...
Mon oeil ne sait plus quoi dire !
Rhaa !! C'est bon, passez ! Mais qu'on ne vous y reprenne plus !
Merci, Gardien !
Ouf
Une question : aurais-tu vu récemment passer un homme vêtu de jaune et portant le bonnet phrygien ?
Tous les jours je le vois ! C'est notre champion de course, Aphonlakes !
Il habite la villa possédant l'arbre le plus haut de Dartania !
Je ne peux vous suivre mes amis !
Merci pour ton aide Chiron ! Que les Dieux veillent sur toi !
L'arbre le plus haut de la ville...
De là-haut, on le verra peut-être !
Eh ! As-tu remarqué que d'ici, les bords de cette portion de route semblent quasi-parallèles et non pas comme fuyant vers un point ?
Oui ! Normalement, la taille des objets et les écarts entre eux diminuent avec les distances.
Sur de petites distances, et selon certains points de vue, comme ici, en hauteur, c'est moins marqué...
Cette vue de haut a amené la perpective simple dite "cavalière", sans point de fuite, très utilisée au Moyen-Âge par les militaires !
Les "cavaliers" étaient des petites tours d'où on voyait en hauteur les ennemis !
Cette représentation des volumes, respectant les longueurs et les parallèles, reste toutefois moins précise et réaliste que la perspective avec point de fuite...
Cavalière
Point de fuite
Une fausse perspective, quoi...
En tout cas, maintenant qu'on a repéré où tu habites, Aphonlakes, alias Arnakos, point de fuite pour toi !

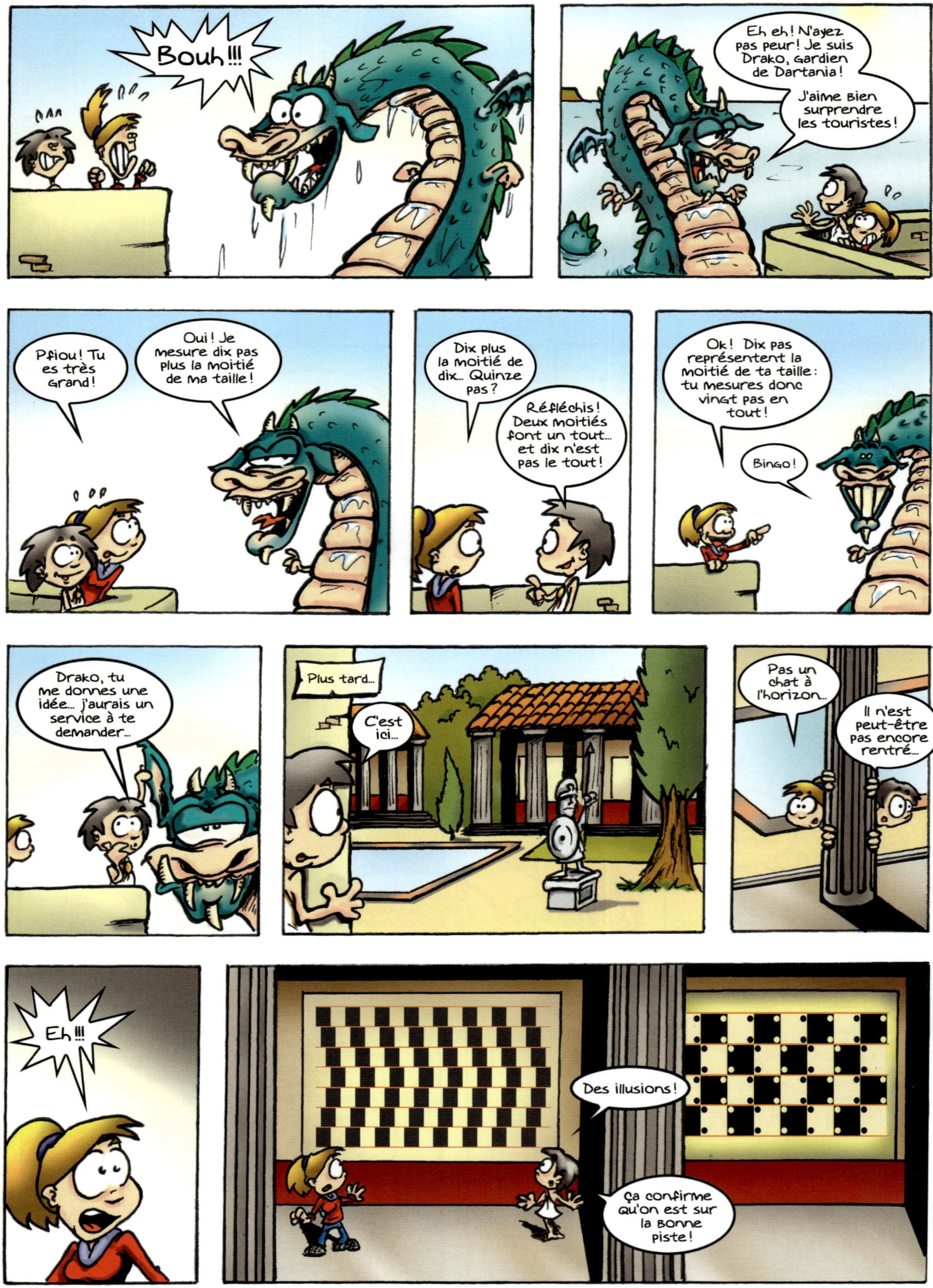
Bouh !!!
Eh eh ! N'ayez pas peur ! Je suis Drako, gardien de Dartania !
J'aime bien surprendre les touristes !
Pfiou ! Tu es très grand !
Oui ! Je mesure dix pas plus la moitié de ma taille !
Dix plus la moitié de dix... Quinze pas ?
Réfléchis ! Deux moitiés font un tout... et dix n'est pas le tout !
Ok ! Dix pas représentent la moitié de ta taille : tu mesures donc vingt pas en tout !
Bingo !
Drako, tu me donnes une idée... j'aurais un service à te demander...
Plus tard...
C'est ici...
Pas un chat à l'horizon...
Il n'est peut-être pas encore rentré...
Eh !!!
Des illusions !
Ça confirme qu'on est sur la bonne piste !

Des illusions? Ces lignes oranges ne seraient pas tordues?
Elles sont parallèles!
Faire glisser une équerre le long d'une règle permettrait de le contrôler...
Oh, j'entends du bruit plus haut!
Eh eh!
Rhaa! Je ne supporte pas ces habits ridicules...
Sales petits morveux! Ils ont failli me faire pincer!
Heureusement que sur mon chemin se trouvait cet imbécile qui ne savait pas utiliser correctement un rapporteur!
J'ai toujours ce beau pendentif, en attendant de récupérer le reste du coffre plus discrètement!
Sinon ces idiots de gardiens se seraient posés des questions ...
Ah ah! Ce n'est pas encore aujourd'hui qu'on arrêtera le grand Aphonlakes!
Je comprends! Tes entraînements, c'est pour mieux t'échapper, au cas où!
TAP TAP
Toi? Mais comment as-tu pu?
Peu importe! En tout cas, te voici démasqué, Arnakos!
Ah ah ah! Mais qui t'écoutera ici? À Dartania, je suis Aphonlakes, le champion!
Retourne-toi, Aphonlakès! Les fenêtres ont des oreilles!
On dit "les murs", petit insolent! Tu es trop nul!
Drako et... Thalès !?! Vous ici ???
On m'a averti! Mettre ce que je t'ai enseigné au service du mal... Tsss.. Tu me déçois beaucoup!

Petit forban, tu me le paieras !
Ne m'oublie pas si vite, coyote !
!?!
AÏE
BING!
Bien fait !
Epsilon ! Il a réussi à se relever et s'est enfui !
T'inquiète ! On va le retrouver !
Voyez-vous de là-haut notre homme ?
Attends...
Oui, je le vois !
Il se dirige vers la porte secondaire de la ville, par là où vous êtes arrivés !
Allons-y !
Youhou !!! Ça me rappelle ma jeunesse !
Il nous distance ! Vite, Maëlis !

Rhaa ! J'ai du mal à suivre !
Ah ! Il vient de disparaître ! C'est que ça doit descendre après, ouf !
Pas sûr ! Notre champ de vision nous limite !
La pente reste peut-être montante !
Arf arf, Je n'en peux plus !!!
Reste en retrait, Maëlis ! Il y a un imprévu !
Alors, mon joli ! On se promène seul ?
C'est dangereux, tu sais...
Le sphinx, et ses énigmes mortelles !
Tu me connais : je te pose une question et... tu as tout intérêt à bien y répondre !
Voui, m'dame !
SLURP
La voici ! Zeus, lorsqu'il est en colère, fait tonner le ciel, trois fois, avec régularité, en quatre sabliers !
BOM
BOM
BOM
S'il suit ce rythme, combien de fois ferait-il tonner le ciel au bout de douze sabliers ?
Faut pas me chercher !
BOM
BOM
BOM
Alors, alors, alors ?
Beuh... c'est un bête problème de proportionnalité, ça !

Douze sabliers, c'est trois fois plus que quatre, donc il y aura trois fois plus de coups de tonnerre, soit neuf coups de tonnerre !
Mauvaise pioche !
Attendez ! Epargnez-le ! La réponse est sept coups de tonnerre !
Nian nian
4 sabliers
Bom Bom Bom Bom Bom Bom Bom
Un petit diagramme permet de le vérifier !
Bravo ! Les filles en force !
S'il te plaît, Sphinx, peux-tu livrer ce malfrat aux autorités de Dartania ! Mon maître Thalès sera écouté par les sages et témoignera contre lui !
Mhmm... D'accord, je vous dois bien ça, les jeunes... Dommage pour mon déjeuner !
Merci, Ô Epsilon !
Mes amis, je vous félicite pour votre réflexion ! En cadeau, je vous remets mon tout premier théorème rédigé sur papyrus !
Je réalise maintenant ! Tu..euh... vous êtes le vrai Thalès ! Whoah !
Et dédicacé en plus ! Je vais faire des jaloux à l'école !
Kangy ?
Je crois qu'il est temps de rentrer au 21ème siècle !
Tadam !
SPOUMF
Maëlis, Maëlis ! Il est temps de te réveiller !
Quoi ?!? Toute cette histoire était un rêve ? C'est nul !
Bah, tu sais, pour les Grecs Anciens, le "nul" n'existait pas !
FIN...

Quelques héros du monde antique

Tout au long de son voyage, Epsilon rencontre des héros de la mythologie grecque.
Leurs légendes nous ont été racontées, pour la plupart, dans L'**Iliade**, la grande épopée écrite par le poète grec Homère...

SISYPHE

Fils d'Éole et roi de Corinthe, Sisyphe avait épousé Mérope, l'une des filles d'Atlas.
Pour le punir de son ambition, il fut condamné, aux Enfers, à une tâche absurde et sans fin : remonter un rocher en haut d'une montagne, d'où il retombait dès qu'il atteignait le sommet.
Et Sisyphe devait remonter le rocher éternellement !

p. 9

La PYTHIE

Devant le temple d'Apollon, à Delphes, sur les pentes du Parnasse, les prêtres entretenaient trois femmes ; ces trois « pythies » se relayaient, sur un piédestal, pour répondre aux questions des citoyens sur leur avenir et celui de la cité. Après avoir bu une boisson hallucinatoire, elles proféraient des prédictions et des conseils, souvent incohérents.

On raconte qu'un jour, l'une d'entre elles demanda que son piédestal cubique soit exactement doublé de volume, ... et que le côté de ce nouveau piédestal soit construit uniquement au moyen des instruments sacrés de la géométrie à partir du côté du cube initial.

Ce problème, connu sous le nom de **duplication du cube**, est l'un des premiers que les mathématiciens cherchèrent à résoudre ; après deux millénaires de réflexion, ils démontrèrent que cette construction, à la règle et au compas, était tout simplement impossible !

La Pythie de Delphes par Michel-Ange

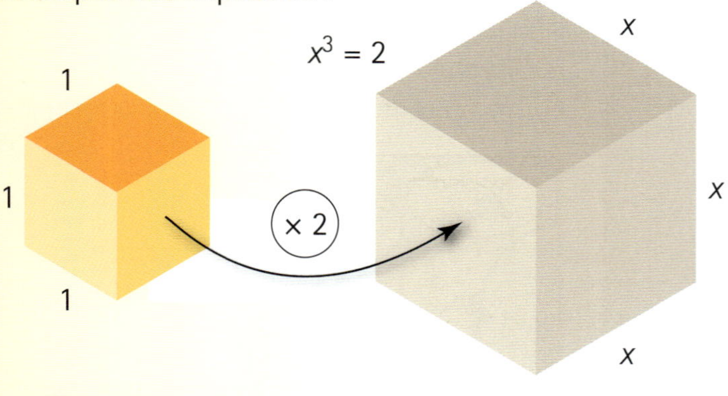

Note : En calculant 1,259 × 1,259 × 1,259 et 1,260 × 1,260 × 1,260, vous pouvez vérifier que le côté du nouveau cube, *x* (le nombre inconnu de Delphes), est compris entre 1,259 et 1, 260.

p. 16

HERMÈS

Fils de Zeus et de Maïa, Hermès était, paraît-il, très malin : ainsi avait-il réussi à voler le troupeau de bœufs d'Apollon.
Il était censé protéger les routes et tous les voyageurs, colporteurs et commerçants.
On le représente souvent avec des sandales munies d'une paire d'ailes, qui lui permettent de se déplacer facilement et rapidement.

CENTAURE

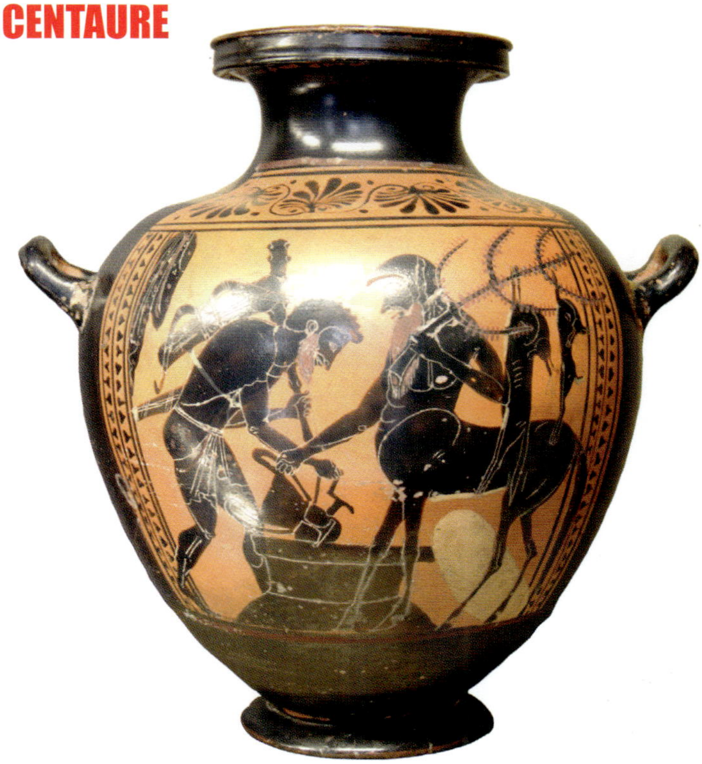

Les centaures étaient des êtres chimériques, moitié homme et moitié cheval.
La légende les représente souvent brutaux et méchants, enlevant des jeunes filles à leurs parents ou à leurs fiancés.
L'un d'entre eux, cependant, Chiron, protégeait les héros grecs en les instruisant et en les soignant ; il est ainsi considéré comme l'inventeur de la médecine et de la chirurgie.

p. 25

p. 21

ATHÉNA

Déesse de la guerre, protectrice de la grande capitale grecque, la légende dit qu'elle serait née toute armée, jaillissant de la tête de son père, Zeus.

Elle a toujours la lance au poing, le casque en tête ou le bouclier au bras ; celui-ci est orné de la tête de la Gorgone que Persée avait tué avec son aide.

Fière et intelligente, elle aurait créé l'équerre du maçon et le tour du potier...

p. 30

ACHILLE

Héros de la guerre de Troie, il triompha d'Hector avant de le traîner victorieusement autour des murailles de la ville. Mais Pâris, guidé par Apollon, le tue en lui décochant une flèche dans le talon.
C'était, en effet, la seule partie vulnérable de son corps, depuis que sa mère l'avait plongé dans le Styx, en le tenant justement par le talon...
Il fut l'élève de Chiron qui lui appris l'art de la guerre et celui de soigner les blessures.

p. 30

LA PHRYGIE

p. 27

Région d'Asie Mineure où régnait le fameux roi Midas, à qui Dionysos avait accordé le don de transformer en or tout ce qu'il touchait.
Heureusement pour lui, il perdit ce don en se lavant les mains dans le fleuve Pactole (en fait, l'eau de ce fleuve transportait des paillettes d'or provenant des mines situées près de sa source).
Les révolutionnaires de 1789 prirent le bonnet phrygien comme coiffure symbolique de leur indépendance.

LE SPHINX

Le sphinx (ou la sphinge selon les légendes grecques) fut envoyé à Thèbes pour punir l'enlèvement de Chrysippe par Laïos.
À l'entrée de la ville, il arrêtait les passants et leur posait des énigmes difficiles. S'ils ne savaient pas répondre, le sphinx les dévorait tout cru !
Œdipe sut échapper à ce sort en résolvant la célèbre énigme :
« Quel est l'animal qui marche à quatre pattes le matin, sur deux à midi et sur trois le soir ? »

p. 35

Les figures paradoxales

Pages 13 à 15, Epsilon et Maëlis se trouvent aux prises avec un problème classique : la représentation de l'espace sur une photo ou sur un dessin entièrement plat...
Du coup, chaque point de la photo, ou du dessin, représente à lui seul une infinité de points...
Examinez le dessin ci-contre. Il représente un portique semblable à ceux de l'antiquité. Pourtant, il est irréalisable.
Sur quoi repose le fronton ?
Sur deux piliers rectangulaires ?
Ou sur trois colonnes circulaires ?
Il est impossible de répondre à ces questions. Notre regard a beau parcourir le dessin, il ne trouve pas de réponse satisfaisante. Nos yeux nous trahiraient-ils ?
Les artistes dessinent sur une feuille à deux dimensions une représentation de l'espace à trois dimensions. Un seul point dessiné représente tout un ensemble de points alignés qui se retrouvent donc tous confondus. Dans cette confusion, tout peut arriver...

Le "truc" de la confusion des points

Si la représentation de A vient se confondre avec la représentation de A'...

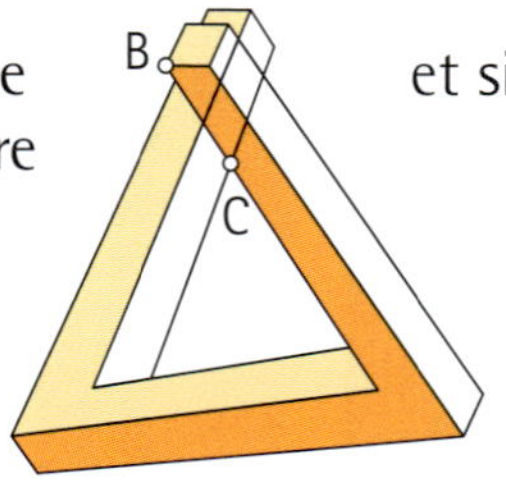

et si [BC] est effacé...

Projection centrale

La transformation qui au point M du plan fait correspondre le point M′ de la droite d tel que O ∈ (MM′) s'appelle une projection de centre O. Attention, dans une projection de centre O, deux points différents peuvent se trouver projetés en un même point (P et Q par exemple).

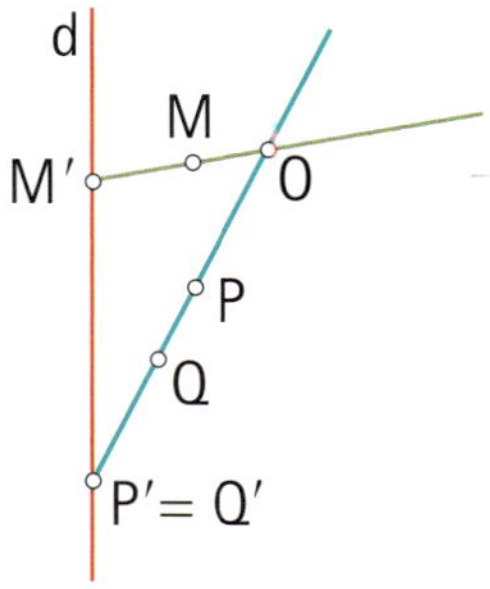

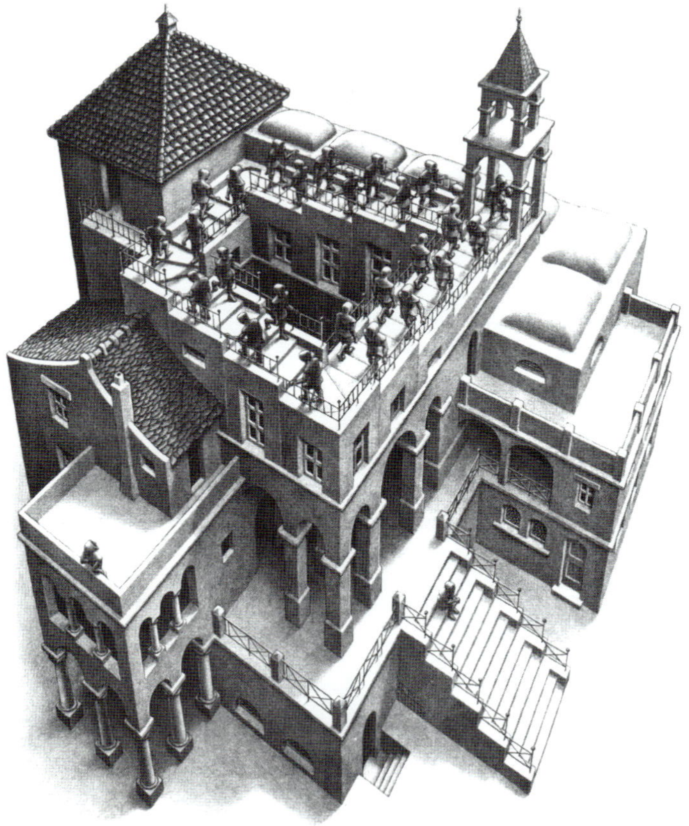

Le chemin qui monte et qui descend

Le graveur M. C. Escher a beaucoup utilisé la confusion de points par projection : ainsi un point situé en hauteur peut très bien être vu confondu avec un point situé beaucoup plus bas. À l'artiste de profiter de cette circonstance pour nous dérouter !
Vu de O, le chemin AA′ (qui monte) et le chemin AA″ (qui descend) commencent et se terminent au même point !

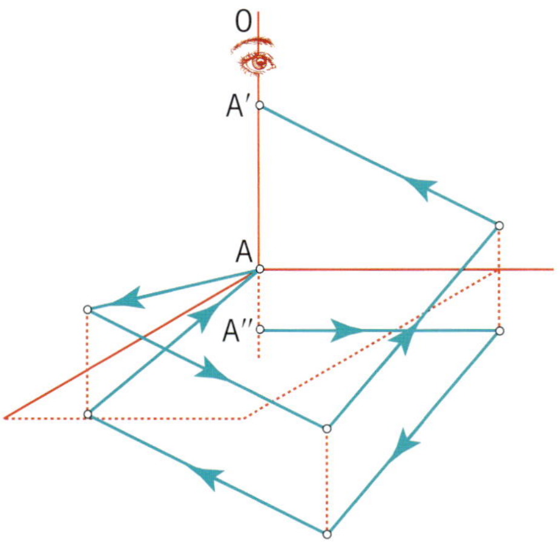

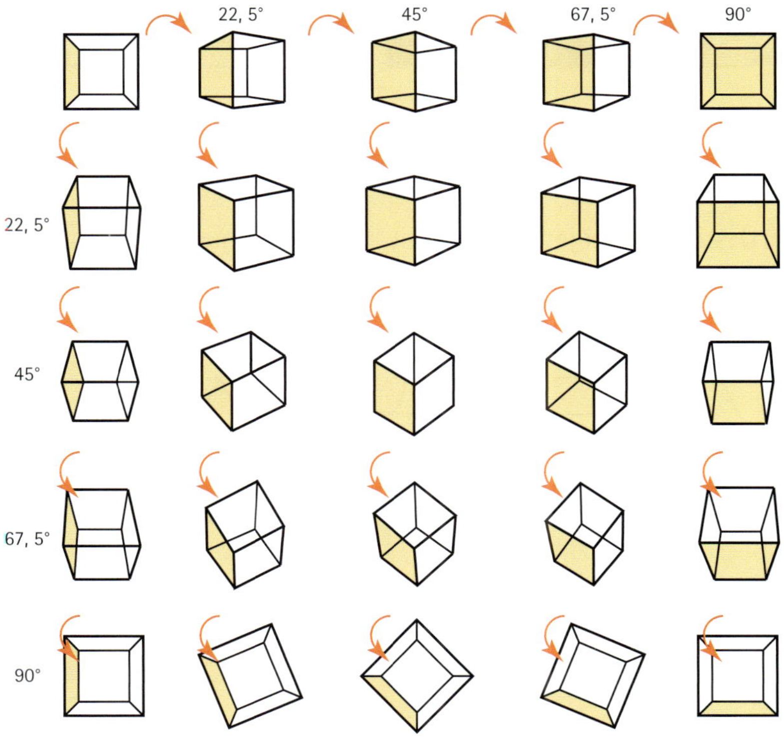

Rotations du cube

Voyez, ci-contre, les métamorphoses de l'image d'un cube transparent selon le point de vue choisi…

Les projections de cubes

En hommage à Gaston Lagaffe, immortelle création du dessinateur Franquin, voici une petite histoire qui pourrait se passer dans la classe d'un professeur de mathématiques malicieux.

Dessins : Jean Touzot

Comment construire des objets "paradoxaux" ?

1. Dessiner un objet qui pourrait exister.

2. Supprimer quelques traits bien (ou mal) choisis.

3. Créer la confusion.

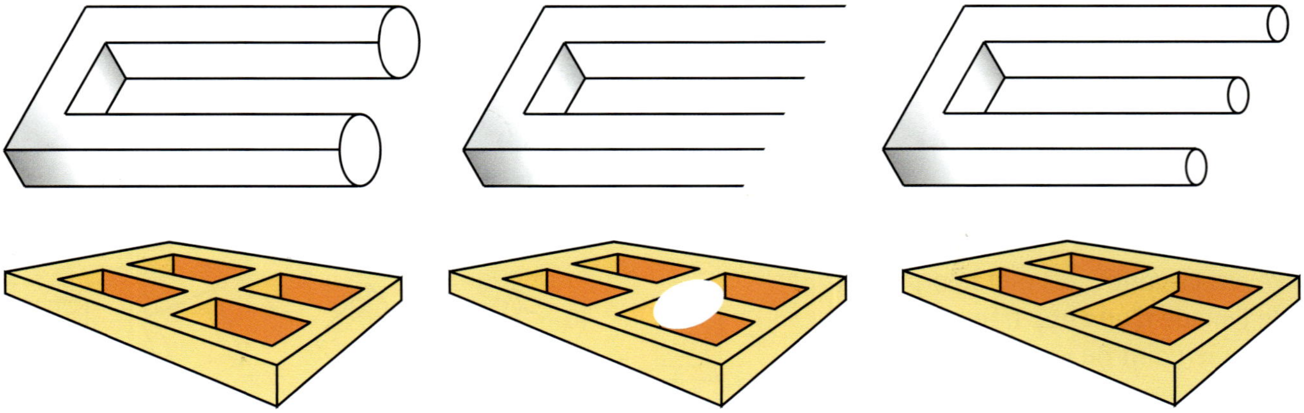

Le paradoxe du menteur

À l'entrée de Dartania, page 30, Epsilon et Maëlis se débrouillent pour embrouiller les deux gardes.
Ils connaissent déjà le paradoxe dit du "menteur", bien connu des amateurs de logique.
Pour apprécier les énigmes paradoxales imaginées par les logiciens, il faut bien avoir en tête deux principes très simples de la logique élémentaire :
- le principe de non contradiction : une proposition sensée ne peut être à la fois vraie et fausse.
- le principe du tiers-exclu : une proposition sensée est soit vraie, soit fausse (il n'y a pas de troisième éventualité).

Eubulide de Milet énonça quatre siècles avant notre ère l'affirmation lapidaire suivante : « Je mens ».
S'il dit vrai, alors il ne ment pas, ce qui contredit son propos.
S'il ne dit pas vrai, il ment ce qui est conforme avec sa parole et il dit donc la vérité. Nouvelle contradiction.
L'énigme d'Eubulide est très profonde. Ce qu'il est bon de retenir, c'est qu'il faut être très prudent avec les phrases qui font référence à elles-mêmes.
Que pensez-vous des énoncés suivants ?
« Cette phrase ne contient pas sept mots. »
« Ici c'est le début
voilà le milieu,
et pour finir, ça se termine ici... »
« Il est interdit d'imprimer cette phrase. »
« Cette phrase commence par « Cette » et finit par « par » ».
« Cette phrase en français est difficile à traduire en anglais. »
« « Est une phrase sans sujet » est une phrase sans sujet. »
Un officier à un soldat : « N'obéissez pas à cet ordre. ».
« Il est interdit d'interdire. »
« Il ne faut jamais terminer une phrase avec le mot « et ». »
« Autrefois j'étais indécis. Maintenant je n'en suis plus aussi sûr. »
« Cette phrase contient dix consonnes de plus que de voyelles. »
Et pour terminer ces paradoxes qui se mordent la queue, essayez de répondre à une question inspirée par Bertrand Russell.
Dédé-10 est le seul robot de la Compagnie des Robots qui répare les robots qui ne se réparent pas eux-mêmes. Mais qui répare Dédé-10 quand il tombe en panne ?

Ceci n'est pas une reproduction
de René Magritte

Pour son paradoxe du menteur Eubulide fut sans doute inspiré par le célèbre orateur crétois Épiménide qui aurait dit « Tous les Crétois sont des menteurs. »
L'affirmation d'Épiménide est-elle paradoxale ?
Soit Épiménide dit vrai, alors il ment puisqu'il est crétois. Contradiction.
Soit, au contraire, il ment. Son affirmation « Tous les Crétois sont des menteurs. » est donc fausse. La négation de cette proposition (à savoir, « Il existe des Crétois qui ne sont pas des menteurs. ») est vraie.
Ce Crétois qui dit la vérité ne peut pas être Épiménide. Si le nombre de Crétois est au moins deux, on voit que la situation n'a rien de paradoxale : il y a Épiménide qui ment et un autre Crétois qui dit la vérité et l'affirmation d'Épiménide est fausse.
Mais s'il y a un seul Crétois (Épiménide), le paradoxe apparaît. L'affirmation d'Épiménide peut se reformuler ainsi : « Je mens ». Et on retrouve le paradoxe d'Eubulide.
Amusant, non ?

Les grandes illusions

p. 32

Page 32, Epsilon et Maëlis rencontrent l'illusion (classique) dite de Fraser.
Nous rappelons ci-dessous, les illusions analogues dites de Hering et de Zollner.
Comme on le voit sur ces exemples, la perception du parallélisme et des distances peut être très perturbée par des réseaux de lignes figurant au second plan...

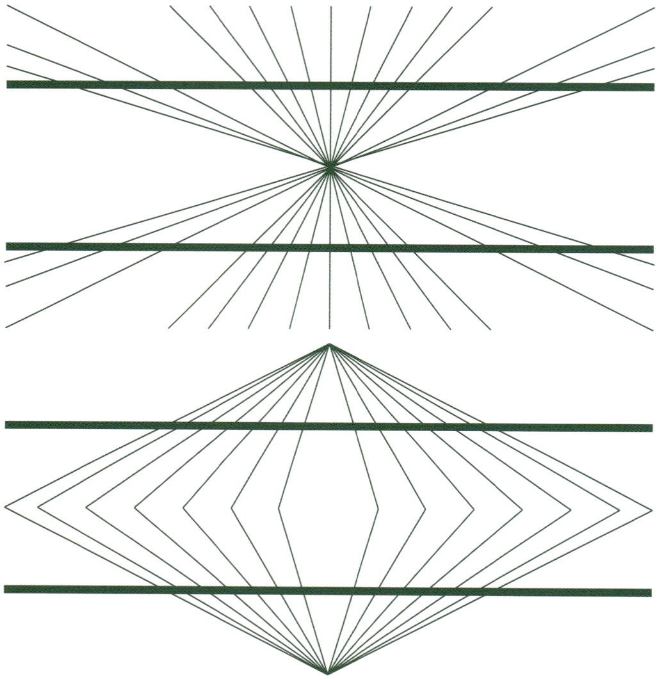

Amusez-vous à répondre aux questions suivantes.

1. Chacun des cinq quadrilatères est-il vraiment un carré ?

2. Ces droites sont-elles vraiment parallèles ?

3. Le chapeau est-il aussi large que haut ?

4. Ces crayons ont-ils vraiment la même longueur ?

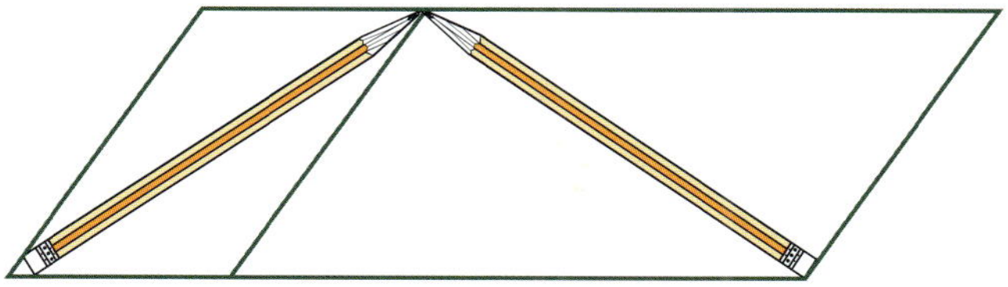

5. Ces quatre magiciens ont-ils la même taille ?

6. Le centre du cercle est-il bien celui qu'on croit ?

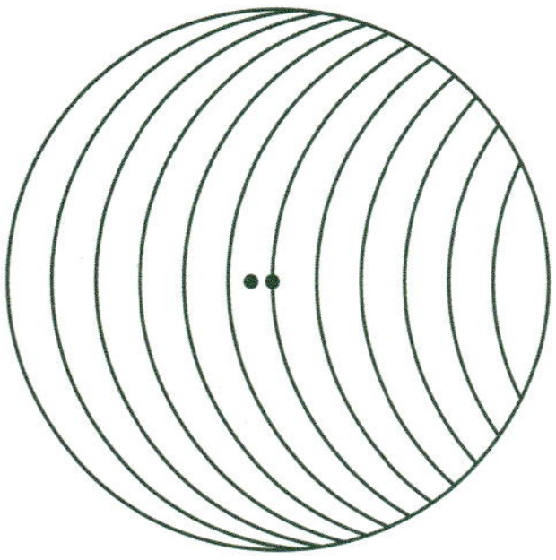

7. L'œil trompé par ses habitudes, invente du relief là où il n'y en a pas. Par exemple, l'un des deux fossiles d'ammonite est vu "en creux" parce que l'on imagine que la lumière vient d'en haut. Mais vous aurez une belle surprise en retournant l'image. À l'envers vous verrez le même fossile "en bosse" et l'autre en creux.

Et dans le dessin ci-dessous voyez-vous un cube à gauche ou à droite ?

8. Et, de toute façon, « tout est relatif » ! Par exemple, ce zèbre est-il noir rayé de blanc ou blanc rayé de noir ?

Les bonnes opérations

p. 28

Fractions et pourcentages

Diminuer d'un tiers, c'est multiplier par $\frac{2}{3}$.

Augmenter d'un tiers, c'est multiplier par $\frac{4}{3}$.

Faire les deux successivement, c'est donc multiplier par $\frac{2}{3} \times \frac{4}{3}$, soit $\frac{8}{9}$!

Variante : Diminuer de 20 % puis augmenter de 20 %, c'est multiplier par 0,8 × 1,2 ; soit par 0,96 (c'est 4 % de moins que 1).

p. 32

Deux demis font un

$$\frac{1}{2}x + \frac{1}{2}x = x.$$

Si $10 + \frac{1}{2}x = x$, c'est que $10 = \frac{1}{2}x$ et donc $x = 20$.

Variante : une carafe contient un litre plus une demi-carafe. Combien contient la carafe ?

La question du sphinx est encore plus difficile que celles des intervalles classiques. Attention à la proportionnalité !

p. 35

Thalès

Le tout premier théorème démontré par Thalès fut, dit-on, celui-ci : « Tout triangle inscrit dans un demi-cercle est rectangle. »

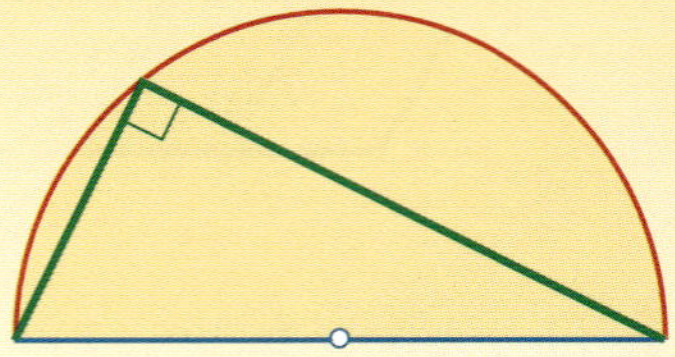

p. 36